机械工程项目综合训练

学生练习册

项目一 便携式桌钳综合项目训练

项目实施要求：

学生以 4 人为一组，按工作任务及时间要求完成综合训练。通过本项目主要完成便携式桌钳的测绘、各零件的三维建模及虚拟装配、标准零件图和总装图的绘制。项目结束时提供完整的工程图纸一套。

便携式桌钳如图 3-1-1 所示。

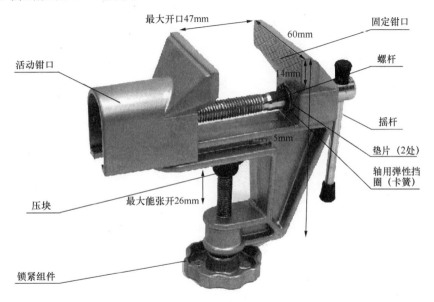

图 3-1-1　便携式桌钳

表 3-1-1　便携式桌钳综合训练项目工作任务及内容

序号	工作任务及内容	课时	地点
任务 1	利用游标卡尺、钢尺等测绘工具进行便携式桌钳各零件测绘，完成基本尺寸标注	8	测绘室
任务 2	确定各零件的制造方法。根据使用要求与制造工艺确定零件尺寸的精度（公差）等级，完成尺寸公差、形位公差、表面粗糙度标注；完成零件选材，标准件选用；确定零件表面处理方式	4	测绘室
任务 3	初步估算典型零件的制造成本	4	测绘室
任务 4	使用三维绘图软件完成零件三维建模、虚拟装配，检查干涉情况；使用二维绘图软件完成零件图及总装图绘制，符合国家标准。图纸能够满足企业批量生产的要求	14	机房

任务1工单	时间：8课时

要求：根据任务1，完成便携式桌钳各零件草图测绘，标注基本尺寸；然后完成任务2，再完善草图的尺寸公差及形位公差，选择合适的材料，完成技术要求标注。要求工程图布局合理，剖视表达清楚。

活动钳口草图

技术要求：

材料：

螺杆草图

技术要求：

材料：

固定钳口草图

技术要求：

材料：

摇杆草图

技术要求：

材料：

塑胶帽草图

技术要求：

材料：

3

锁紧螺杆草图

技术要求：

材料：

压片草图

技术要求：

材料：

压紧盖草图

技术要求：

材料：

装配草图

技术要求：

序号	零件	加工制造方法	精度等级
1	活动钳口		
2	固定钳口		
3	螺杆		
4	摇杆		
5	塑胶帽		
6	旋钮		
7	锁紧螺杆		
8	压片		
9	压紧盖		

任务2工单 时间：4课时

根据便携式桌钳使用情况，确定加工制造方法及零件制造精度等级。

估算典型零件价格。

已知：压铸加工费用为 7000 元/t，铣工薪酬按照 18 元/h，钳工薪酬按照 16 元/h 计算。铣削加工效率为 60 个/h，钻孔加工效率为 100 个/h，攻丝加工效率为 80 个/h，喷漆价格为 0.2 元/件，综合摊派成本 0.2 元/件。压铸铝合金价格为 1.5 万元/t，利用率为 90%。

根据加工方法、流程，在完成三维建模后估算**活动钳口**价格：

已知：车削加工效率为 200 个/h，钻孔加工效率为 100 个/h，缩径、冷镦加工费用按照 6000 元/t，滚丝加工费用按照 3000 元/t，镀铬 0.2 元/件，综合摊派成本为 0.2 元/件。材料价格按照 4000 元/t，材料利用率为 90%。

根据加工方法、流程，在完成三维建模后估算**螺杆**价格：

任务 4 工单	时间：14 课时

完成零件三维建模、虚拟装配及工程图绘制。

三维建模及虚拟装配
　　完成便携式桌钳的三维建模，装配后无零件干涉。

工程图绘制
　　将三维建模文件等导出二维工程图，符合国家标准要求。

要求：
　　(1) 工程图零件名称正确，尺寸公差标注正确，无遗漏；
　　(2) 工程图表面粗糙度选择合理；
　　(3) 工程图材料、零件数量正确；
　　(4) 技术要求标注正确；
　　(5) 零件图图号正确；
　　(6) 装配图明细栏正确。

项目二　十字平口钳综合项目训练

项目实施要求：

学生以 4 人为一组，按工作任务及时间要求完成综合训练。通过本项目主要完成十字平口钳的测绘、各零件的三维建模及虚拟装配、标准零件图和装配图的绘制。项目结束时提供完整的工程图纸一套。

十字平口钳如图 3-2-1 所示。

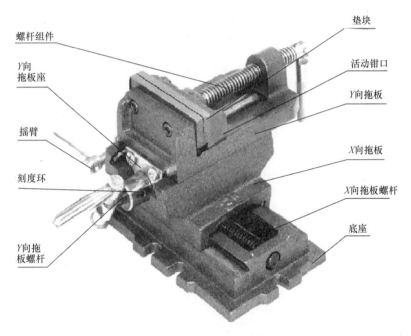

图 3-2-1　十字平口钳

十字平口钳综合训练项目工作任务及内容见表 3-2-1。

表 3-2-1　十字平口钳综合项目训练工作任务及内容

序号	工作任务及内容	课时	地点
任务 1	利用游标卡尺、钢尺等测绘工具进行十字平口钳各零件测绘，完成基本尺寸标注	8	测绘室
任务 2	确定各零件的制造方法，根据使用要求与制造工艺确定零件尺寸的精度（公差）等级，完成尺寸公差、形位公差、表面粗糙度标注；完成零件选材，标准件选用；确定零件表面处理方式	4	测绘室
任务 3	初步估算典型零件的制造成本	4	测绘室
任务 4	使用三维绘图软件完成零件三维建模、虚拟装配，检查干涉情况，使用二维绘图软件完成零件图及装配图绘制，符合国家标准，图纸能够满足企业批量生产的要求	14	测绘室

任务 1 工单	时间：8 课时

要求：根据任务 1，完成十字平口钳各零件草图测绘，标注基本尺寸；然后完成任务 2，再完善草图的尺寸公差及形位公差，选择合适的材料，完成技术要求标注。要求工程图布局合理，剖视表达清楚。

垫块草图

技术要求：

材料：

Y 向拖板草图

技术要求：

材料：

活动钳口草图

技术要求：

材料：

X 向拖板草图

技术要求：

材料：

X 向拖板螺杆草图

技术要求：

材料：

底座草图

技术要求：

材料：

Y 向拖板螺杆草图

技术要求：

材料：

摇臂草图

技术要求：

材料：

X 向拖板座草图

技术要求：

材料：

Y 向拖板座草图

技术要求：

材料：

螺杆组件草图

技术要求：

材料：

导轨草图

技术要求：

材料：

刻度环草图

技术要求：

材料：

螺母草图

技术要求：

材料：

		任务 2 工单	时间：4 课时

根据十字平口钳使用情况，确定零件加工制造方法和精度等级。

序号	零件	加工制造方法	精度等级
1	垫块		
2	活动钳口		
3	Y 向拖板		
4	X 向拖板		
5	X 向拖板螺杆		
6	底座		
7	Y 向拖板螺杆		

序号	零件	加工制造方法	精度等级
8	摇臂		
9	X 向拖板座		
10	Y 向拖板座		
11	螺杆组件		
12	导轨		
13	刻度环		
14	螺母		

任务 3 工单	时间：4 课时
估算典型零件价格。	

已知：翻砂铸造费用为 7000 元/吨，铣工薪酬按照 18 元/h，钳工薪酬按照 16 元/h 计算。铣削加工效率为 30 个/h，钻铰孔加工效率为 80 个/h，攻丝加工效率为 40 个/h，喷漆价格为 0.2 元/件，综合摊派成本为 0.2 元/件。材料价格 0.24 万元/t，材料利用率为 90%。

根据加工方法、流程，在完成三维建模后估算**活动钳口**制造成本：

任务 4 工单	时间：14 课时
完成零件三维建模、虚拟装配及工程图绘制。	

三维建模及虚拟装配
完成十字平口钳的三维建模、虚拟装配后无零件干涉。

工程图绘制
将三维建模文件导出二维工程图，符合国家标准要求。

要求：
(1) 工程图零件名称正确，尺寸公差标注正确，无遗漏；
(2) 工程图表面粗糙度选择合理；
(3) 工程图材料、零件数量正确；
(4) 技术要求标注正确；
(5) 零件图图号正确；
(6) 装配图明细栏正确。

项目三 蜗轮蜗杆减速器综合项目训练

项目实施要求：

学生以 4 人为一组，按工作任务及时间要求，完成综合训练。通过本项目主要完成蜗轮蜗杆减速器的测绘，各零件的三维建模及虚拟装配，公差、材料、技术要求的确定，标准零件图和装配图的绘制，项目结束时提供完整的工程图纸一套。蜗轮蜗杆减速器如图 3-3-1 所示。

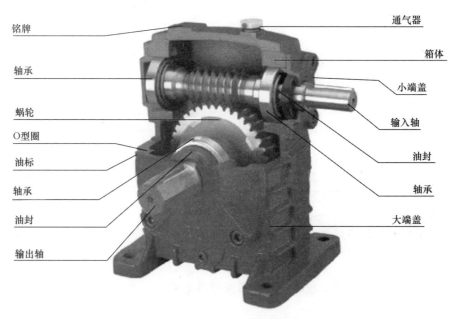

图 3-3-1 WPS蜗轮蜗杆减速器

蜗轮蜗杆减速器综合项目训练工作任务及内容见表 3-3-1。

表 3-3-1 蜗轮蜗杆减速器综合项目训练工作任务及内容

序号	工作任务及内容	课时	地点
任务 1	利用游标卡尺、钢尺等测绘工具进行蜗轮蜗杆减速器各零件测绘，完成基本尺寸标注	8	测绘室
任务 2	确定各零件的制造方法。根据使用要求与制造工艺确定零件尺寸的精度（公差）等级，完成尺寸公差、形位公差、表面粗糙度标注；完成零件选材，标准件选用；确定零件表面处理方式	4	测绘室
任务 3	初步估算典型零件的制造成本	4	测绘室
任务 4	使用三维绘图软件完成零件三维建模、虚拟装配，检查干涉情况，使用二维绘图软件完成零件图及装配图绘制，符合国家标准，图纸能够满足企业批量生产的要求	14	测绘室

参数要求：中心距 $a=40$。

蜗轮：模数 $m=1$；齿数 $z_2=62$；端面齿形角 $\alpha=20°$；齿顶高系数 $ha=1$；蜗轮端面齿距 $P=3.14$；螺旋角 $\beta=\arctan0.055$；旋向右；精度等级：IT7。

蜗杆：模数 $m=1$；齿数 $z_1=1$；轴向齿形角 $\alpha=20°$；齿顶高系数 $ha=1$；轴向齿距 $P=3.14$；导程角 $\gamma=\arctan0.055$；旋向右；法向齿厚 $S_1=1.57$；直径系数 $q=18$；精度等级：IT7。

任务1工单	时间：8课时
要求：根据任务1，完成蜗轮蜗杆减速器各零件草图测绘，标注基本尺寸；然后完成任务2，再完善草图的尺寸公差及形位公差，选择合适的材料，完成技术要求标注。要求工程图布局合理，剖视表达清楚。	
通气器草图	
技术要求： 材料：	
大端盖草图	
技术要求： 材料：	

小端盖草图（输入）
技术要求：
材料：
小端盖草图
技术要求：
材料：
封盖草图
技术要求：
材料：

蜗杆草图（输入轴）

技术要求：

材料：

蜗轮草图

技术要求：

材料：

箱体草图

技术要求：

材料：

蜗轮轴草图（输出轴）

技术要求：

材料：

大（小）垫圈草图

技术要求：

材料：

		任务 2 工单	时间：4 课时

根据蜗轮蜗杆减速器使用情况，确定零件加工制造方法和精度等级。

序号	零件	加工制造方法	精度等级
1	通气器		
2	大端盖		
3	小端盖（输入）		
4	小端盖		
5	蜗轮		

序号	零件	加工制造方法	精度等级
6	蜗杆		
7	堵头		
8	蜗轮轴		
9	大（小）垫圈		
10	箱体		

估算典型零件价格。

已知：熔模铸造按照 8000 元/t 收费，铣工薪酬按照 18 元/h，镗工薪酬按照 20 元/h 计算，钳工薪酬按照 16 元/h 计算。铣削加工效率为 2 个/h，镗削加工效率为 4 个/h，钻孔加工效率为 10 个/h，攻丝加工效率为 10 个/h，喷漆价格为 5 元/件，综合摊派成本为 2 元/件。灰铸铁价格按照 0.24 万元/t 计算，材料利用率为 90%。

根据加工方法、流程，在完成三维建模后估算**箱体**的制造成本：

任务4工单	时间：14课时

完成零件三维建模、虚拟装配及工程图绘制。

三维建模

完成蜗轮蜗杆减速器的三维建模、虚拟装配后无零件干涉。

工程图绘制

将三维建模文件导出二维工程图，符合国家标准要求。

要求：

(1) 工程图零件名称正确，尺寸公差标注正确，无遗漏；

(2) 工程图表面粗糙度选择合理；

(3) 工程图材料、零件数量正确；

(4) 技术要求标注正确；

(5) 零件图图号正确；

(6) 装配图明细栏正确。

项目四　平行双缸斯特林发动机综合创新训练

项目实施要求：

根据所提供的图 3-4-1 平行双缸斯特林发动机示意图和技术参数，完成以下任务：

（1）学生以 4 人为一组，用 1 周时间完成斯特林发动机的结构设计，零件的数量可根据具体情况增减，包括三维建模文件及标准工程图纸。

（2）学生以 4 人为一组，用 2 周时间根据完成的工程图，在实训教师指导下完成斯特林发动机的零件加工和整机装配调试。

平行双缸斯特林发动机示意图如图 3-4-1 所示。

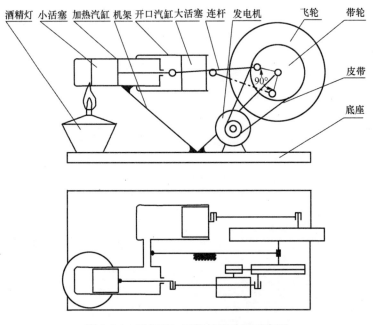

图 3-4-1　平行双缸斯特林发动机示意图

技术参数：发动机尺寸不超过 200mm×100mm×100mm，加热汽缸直径为 10～15mm，开口汽缸直径为 12～15 mm，大、小活塞行程为 10～20mm，飞轮直径为 40～60mm，皮带轮直径为 20～30mm，两活塞运动相位相差 90°。

要求：根据所提供的平行双缸斯特林发动机的示意图和技术参数，完成斯特林发动机的创新设计，零件的数量可根据具体结构设计需要自行增减，设计图纸应包括三维建模文件及标准工程图纸，然后依据技术图纸在车间实训教师指导下完成零件加工和整机装配调试。

任务 1 工单	时间：20 课时

绘制草图，完成零件尺寸公差、形位公差及表面粗糙度定制；完成各零件选材，标准件、常用件查询；根据零件及选材情况确定热处理方式及表面硬度指标。

根据零件草图，完成三维建模、虚拟装配。

（零件建模过程略）

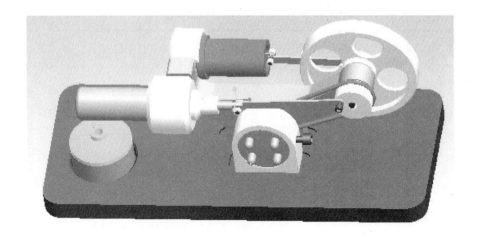

根据草图及三维建模文件绘制标准工程图。

略

综合任务工单 2

时间：60 课时

根据所绘制工程图纸，在实训教师指导下，完成零部件制作及修配（略）。
根据装配图，在实训教师指导下，完成发动机的装配调试（略）。